Guida alla Coltivazione del Ciclamino

Impara cosa fare per coltivare bene incantevoli Ciclamini

A. Duller

Lisa Shardon

Guida alla Coltivazione del Ciclamino

Introduzione

Il ciclamino è una delle piante più amate e coltivate nei giardini, nei balconi e all'interno delle case per la bellezza dei suoi fiori e la sua capacità di fiorire nei mesi più freddi dell'anno. Le sue affascinanti sfumature di rosa, viola, bianco e rosso e il profumo delicato che spesso accompagna i suoi fiori ne fanno un fiore perfetto per decorare gli ambienti, specialmente in autunno e inverno. Scientificamente appartenente al genere *Cyclamen*, il ciclamino è originario delle zone mediterranee e dell'Europa meridionale. Le sue foglie hanno forme particolari a forma di cuore, spesso adornate da venature argentate, che contribuiscono alla sua eleganza.

Oltre alla bellezza estetica, il ciclamino è interessante per il suo ciclo vitale, che comprende periodi di dormienza seguiti da abbondante fioritura. Questa capacità di adattamento rende il ciclamino una pianta molto versatile, sia in ambienti interni che esterni, a patto di fornire le cure adeguate. In questo approfondimento, esploreremo le origini e le varietà di questa pianta, i suoi habitat naturali e i requisiti necessari per favorirne la crescita rigogliosa.

Capitolo 1: Storia e varietà del Ciclamino

Il ciclamino ha una storia affascinante, che si intreccia con le culture di diversi paesi europei, dell'Asia Minore e del Nord Africa. Le prime testimonianze sull'uso del ciclamino risalgono all'antica Grecia e all'epoca romana. I Greci e i Romani lo utilizzavano non solo come pianta ornamentale, ma anche per le sue proprietà medicinali. Si riteneva infatti che il ciclamino possedesse qualità terapeutiche, e veniva impiegato per trattare alcuni disturbi legati alla pelle e alla digestione. Il nome *Cyclamen* deriva dal greco *kyklos*, che significa "cerchio", probabilmente in riferimento alla forma rotonda e simmetrica del tubero della pianta.

Nel Medioevo, il ciclamino continuò ad essere apprezzato, e venne associato a significati simbolici legati all'amore, alla fertilità e alla bellezza. Era comune nelle corti dell'Europa centrale e occidentale, dove i nobili lo coltivavano nei giardini per la sua bellezza e per il profumo delicato. Nei secoli successivi, con l'espansione del commercio e delle esplorazioni botaniche, il ciclamino divenne sempre più popolare in diverse regioni del mondo.

Varietà di Ciclamino

Il genere *Cyclamen* include circa 23 specie riconosciute, che si differenziano per forma, colore dei fiori, periodo di fioritura e habitat. Le varietà di ciclamino più coltivate e conosciute sono:

1. **Cyclamen persicum**: È il ciclamino più comune e coltivato a livello domestico. Originario del Medio Oriente, il *Cyclamen persicum* si distingue per i suoi grandi fiori dai colori vivaci, che spaziano dal bianco al rosa al rosso. È particolarmente apprezzato per la lunga fioritura, che può durare per diversi mesi.

2. **Cyclamen hederifolium**: Questa specie

è originaria dell'Europa meridionale e dell'Asia Minore. Ha fiori più piccoli e foglie simili a quelle dell'edera (da cui il nome "hederifolium"), caratterizzate da una marcata venatura argentata. Il *Cyclamen hederifolium* fiorisce in autunno e in inverno, rendendolo ideale per chi cerca una pianta che fiorisca nei mesi più freddi.

3. **Cyclamen coum**: È una specie resistente al freddo, che fiorisce alla fine dell'inverno o all'inizio della primavera. I fiori sono piccoli, di solito rosa o bianchi, e le foglie hanno una forma rotonda e spesso variegata. È una specie molto apprezzata nei giardini per la sua capacità di prosperare anche sotto la neve.

4. **Cyclamen purpurascens**: Conosciuto anche come ciclamino delle Alpi, è originario dell'Europa centrale e orientale. Fiorisce in estate, e i suoi fiori emanano un delicato profumo. Le foglie sono solitamente tondeggianti e caratterizzate da un'intensa colorazione verde scuro con venature

argentate.

5. **Cyclamen africanum**: Questa specie, come suggerisce il nome, è originaria del Nord Africa. Predilige un clima caldo e arido e non sopporta il freddo. Ha fiori rosa intenso e foglie carnose e larghe. È meno diffuso nei giardini, ma rappresenta una curiosità botanica interessante.

6. **Cyclamen mirabile**: Originario della Turchia, si distingue per i suoi fiori dalle sfumature rosa chiaro e per le foglie decorative con una caratteristica forma a cuore, spesso screziate di argento e verde. Fiorisce in autunno ed è una delle varietà più decorative.

Habitat naturale e requisiti di crescita

Habitat naturale del Ciclamino

Le diverse specie di ciclamino si sono adattate a una varietà di habitat naturali, che spaziano dalle foreste ombreggiate delle regioni temperate alle zone montuose e persino a climi aridi come quelli del Nord Africa. La capacità di adattamento a differenti condizioni ambientali rende il ciclamino una pianta resistente e versatile.

In generale, il ciclamino preferisce aree ombreggiate o semiombreggiate e suoli ben drenati. Nelle zone di origine, il ciclamino cresce spontaneamente nel sottobosco, dove trova riparo sotto alberi e cespugli. Il suolo delle foreste, spesso ricco di humus e sostanze nutritive, crea le condizioni ideali per la crescita del ciclamino. Inoltre, la copertura delle foglie degli alberi fornisce protezione contro le temperature estreme, mantenendo un livello di umidità ottimale.

Alcune specie di ciclamino sono native di

zone montuose, come il *Cyclamen purpurascens*, che si trova comunemente nelle Alpi e nei Balcani. Queste varietà sono più resistenti al freddo e hanno sviluppato la capacità di sopravvivere sotto la neve o in ambienti molto umidi. Altre specie, come il *Cyclamen africanum*, vivono in climi più secchi e richiedono temperature più elevate, dimostrando un'adattabilità sorprendente.

Requisiti di crescita

1. **Esposizione alla luce**: Il ciclamino preferisce una luce indiretta o semiombreggiata. Esposizioni troppo intense, come la luce diretta del sole estivo, possono bruciare le foglie e danneggiare la pianta. Quando coltivato all'interno, è consigliabile posizionare il ciclamino vicino a una finestra ben illuminata, ma evitare il sole diretto.

2. **Temperatura**: La temperatura ideale per il ciclamino durante il periodo di crescita e fioritura è compresa tra i 10°C e i 15°C.

Temperature più alte possono accelerare la fine del periodo di fioritura, portando la pianta alla dormienza. In generale, il ciclamino non tollera bene il caldo eccessivo, quindi è preferibile mantenerlo in ambienti freschi. Durante l'estate, le specie che entrano in dormienza possono essere spostate all'esterno, purché siano in una zona ombreggiata.

3. **Suolo**: Il ciclamino predilige un terreno ben drenato e ricco di sostanza organica. Un substrato a base di torba, sabbia e compost è ideale, poiché permette alle radici di respirare e evita ristagni idrici, che possono causare marciumi. In caso di coltivazione in vaso, è importante utilizzare un contenitore con fori di drenaggio.

4. **Irrigazione**: L'irrigazione del ciclamino richiede particolare attenzione. Durante la fase di crescita e fioritura, il ciclamino ha bisogno di un terreno umido, ma non eccessivamente bagnato. È preferibile annaffiare dal basso, immergendo il vaso in acqua per qualche minuto e lasciando che il

substrato assorba l'acqua. Dopo l'annaffiatura, è essenziale lasciar scolare l'acqua in eccesso. Durante la dormienza estiva, l'irrigazione deve essere ridotta o sospesa, poiché il ciclamino entra in uno stato di riposo.

5. **Fertilizzazione**: La fertilizzazione è consigliata durante il periodo di crescita attiva e fioritura. Un fertilizzante liquido per piante da fiore, diluito in acqua, può essere somministrato ogni 15 giorni.

Capitolo 2: Scelta del Terreno e Preparazione

Il ciclamino è una pianta che richiede un terreno specifico per crescere al meglio e fiorire in modo ottimale. Sebbene possa adattarsi a varie condizioni, la scelta e la preparazione del terreno sono fondamentali per garantire una crescita rigogliosa. In questo capitolo, esploreremo i requisiti ideali del terreno per la coltivazione del ciclamino e come prepararlo correttamente per la semina, sia in vaso che in giardino.

1. Caratteristiche del Terreno Ideale per il Ciclamino

Il ciclamino prospera in terreni leggeri, ben drenati e ricchi di sostanza organica. Essendo una pianta che teme il ristagno idrico, è fondamentale che il terreno favorisca un buon drenaggio per evitare problemi di marciume radicale. Alcuni aspetti chiave del terreno ideale includono:

- **Drenaggio**: Il drenaggio è uno dei fattori più importanti per la crescita sana del ciclamino. Terreni argillosi o troppo compatti trattengono l'acqua, favorendo ristagni che possono portare rapidamente a malattie radicali. Aggiungere sabbia o ghiaia al terreno può migliorare il drenaggio.

- **pH del Suolo**: Il ciclamino preferisce un terreno leggermente acido o neutro, con un pH compreso tra 5,5 e 6,5. I terreni alcalini possono essere corretti con l'aggiunta di sostanze organiche come torba o compost.

- **Nutrienti**: Il terreno deve essere ricco di sostanze organiche, come humus o compost ben decomposto, che forniscono nutrimento costante alla pianta. Durante la fase di crescita attiva, i ciclamini beneficiano di un apporto regolare di nutrienti, ma un terreno troppo ricco di azoto può causare una crescita eccessiva delle foglie a discapito dei fiori.

2. Preparazione del Terreno

Prima di procedere alla semina, è essenziale preparare il terreno in modo adeguato, che sia in vaso o in giardino. La preparazione del terreno aiuterà a creare un ambiente favorevole alla germinazione dei semi e alla crescita delle radici.

- **Rimozione delle Erbacce**: Prima di tutto, è fondamentale rimuovere tutte le erbacce e i detriti presenti nel terreno. Le erbacce competono per i nutrienti e l'acqua, riducendo la disponibilità per i ciclamini. Anche i piccoli sassi o detriti possono ostacolare lo sviluppo delle radici, quindi è utile rastrellare il terreno per renderlo uniforme.

- **Incorporazione di Compost o Humus**: Per migliorare la qualità del suolo, è consigliabile aggiungere compost ben maturo o humus. Questi materiali organici aumentano la fertilità del terreno, migliorano la struttura e favoriscono il drenaggio. Spargere uno strato di circa 3-5 cm di compost sulla superficie del terreno e mescolarlo con una vanga aiuterà a rendere il suolo più adatto alla coltivazione del ciclamino.

- **Correzione del pH**: Se il terreno è troppo alcalino, è possibile abbassare il pH aggiungendo torba o zolfo. È consigliabile fare una verifica del pH con un semplice kit per assicurarsi che il terreno rientri nei valori ideali.

- **Aggiunta di Materiali per il Drenaggio**: Per migliorare il drenaggio, in particolare nei terreni argillosi, è utile aggiungere sabbia grossolana, perlite o ghiaia. Questi materiali alleggeriscono il terreno e favoriscono il passaggio dell'acqua, evitando i ristagni. Anche nei vasi, uno strato di ghiaia o argilla espansa sul fondo favorisce un drenaggio adeguato.

3. Preparazione del Terreno in Vaso

La coltivazione del ciclamino in vaso richiede un substrato ben drenato e leggero. È importante scegliere un vaso con fori di drenaggio per evitare ristagni e utilizzare un substrato specifico per piante fiorite o creare una miscela personalizzata. Un buon mix per ciclamini in vaso potrebbe includere:

- 1 parte di terra da giardino

- 1 parte di torba

- 1 parte di sabbia o perlite

- Una piccola quantità di compost

Questa combinazione offre un substrato che trattiene l'umidità necessaria senza risultare troppo compatto. Inoltre, lo strato di drenaggio alla base del vaso (composto da 2-3 cm di ghiaia o argilla espansa) aiuta a prevenire l'accumulo di acqua.

Tecniche di Semina

La semina del ciclamino richiede pazienza e una certa cura, dato che il tempo di germinazione può essere lungo, anche fino a due mesi. Esistono due principali tecniche di semina per il ciclamino: la semina in vaso e la semina diretta. Ciascuna ha vantaggi e caratteristiche specifiche.

Semina in Vaso

La semina in vaso è una tecnica molto diffusa per coltivare il ciclamino, soprattutto in ambienti domestici. Seminare in vaso offre il vantaggio di poter controllare facilmente le condizioni ambientali, in particolare l'umidità e la temperatura, aspetti fondamentali per la germinazione del ciclamino.

1. **Scelta dei Semi**: I semi di ciclamino devono essere freschi, poiché perdono rapidamente la capacità germinativa se conservati troppo a lungo. Per ottenere semi freschi, è possibile raccoglierli dai frutti delle

piante esistenti oppure acquistarli da fornitori affidabili. I semi sono di colore marrone scuro e hanno una forma arrotondata.

2. **Ammollo dei Semi**: Un trucco utile per favorire la germinazione dei semi di ciclamino è immergerli in acqua tiepida per circa 12-24 ore prima della semina. L'ammollo ammorbidisce il tegumento del seme, facilitando l'assorbimento dell'acqua e favorendo così una germinazione più rapida.

3. **Preparazione del Vaso**: Scegliere un vaso di piccole dimensioni con fori di drenaggio. Riempire il vaso con il substrato precedentemente preparato, lasciando circa 1-2 cm di spazio dal bordo.

4. **Semina**: Disporre i semi sulla superficie del substrato, mantenendo una distanza di circa 2 cm tra un seme e l'altro. Coprire i semi con uno strato sottile di sabbia o terriccio fine, di circa 1 cm. Non comprimere troppo il substrato, poiché i semi

hanno bisogno di un leggero contatto con l'aria per germinare.

5. **Irrigazione**: Innaffiare delicatamente il terreno subito dopo la semina, utilizzando uno spruzzino per evitare di spostare i semi. Mantenere il substrato umido, ma non eccessivamente bagnato, per tutto il periodo di germinazione.

6. **Copertura del Vaso**: Coprire il vaso con una pellicola trasparente o un coperchio di plastica per creare un effetto serra, mantenendo un alto livello di umidità. Questa copertura deve essere rimossa periodicamente per consentire il ricambio d'aria, prevenendo la formazione di muffe.

7. **Posizione e Temperature**: Collocare il vaso in un ambiente fresco e ombreggiato. La temperatura ideale per la germinazione dei semi di ciclamino è compresa tra i 15°C e i 20°C. La germinazione può richiedere da quattro a otto settimane.

8. **Trapianto**: Quando le piantine raggiungono una dimensione adeguata e sviluppano alcune foglie, possono essere trapiantate in vasi più grandi o in giardino. Durante il trapianto, fare attenzione a non danneggiare le delicate radici.

Semina Diretta

La semina diretta è una tecnica utilizzata soprattutto in giardino o in aiuole, dove il ciclamino può crescere in modo naturale. Questa tecnica richiede meno manutenzione, ma necessita di un ambiente esterno favorevole e di un terreno ben preparato.

1. **Scelta dell'Area**: Selezionare una zona del giardino ombreggiata o semi-ombreggiata,

con un buon drenaggio e riparata dai venti forti. Un angolo del giardino ombreggiato da alberi o arbusti è ideale per favorire la crescita spontanea del ciclamino.

2. **Preparazione del Suolo**: Come descritto in precedenza, preparare il terreno rimuovendo le erbacce, incorporando compost o humus e migliorando il drenaggio con sabbia o ghiaia, se necessario.

3. **Semina**: Disporre i semi direttamente sul terreno, mantenendo una distanza di circa 10-15 cm tra di essi. Coprire i semi con uno strato sottile di terriccio o sabbia fine, circa 1 cm, per proteggerli da uccelli o altri animali.

4. **Irrigazione**: Innaffiare delicatamente la zona seminata subito dopo la semina, e mantenere il terreno leggermente umido durante tutto il periodo di germinazione.

Tuttavia, evitare di bagnare eccessivamente, per non rischiare il marciume dei semi.

5. **Copertura Naturale**: La semina diretta può beneficiare della copertura naturale fornita da foglie secche o pacciame leggero, che trattengono l'umidità e proteggono i semi.

6. **Cura delle Piantine**: Quando le piantine iniziano a germogliare, monitorare la crescita e continuare a mantenere l'area libera da erbacce. Se necessario, aggiungere uno strato sottile di compost ogni due o tre mesi per favorire la crescita.

7. **Protezione dal Freddo**: Nelle zone con inverni rigidi, è utile proteggere le giovani piantine con una copertura di paglia o foglie, che le isola dalle basse temperature.

Sia la semina in vaso che la semina diretta richiedono preparazione e cura, ma entrambe le tecniche possono dare ottimi risultati, offrendo ciclamini rigogliosi e fioriture spettacolari. La chiave del successo risiede nella scelta e preparazione del terreno, nella gestione attenta dell'umidità e nel mantenimento di un ambiente adatto alla crescita.

Ecco un approfondimento dettagliato sui requisiti di cura del ciclamino, inclusi irrigazione, umidità, esposizione alla luce, fertilizzazione e cura specifica per foglie e radici.

Capitolo 3: Irrigazione e Umidità

L'irrigazione è uno degli aspetti più critici nella cura del ciclamino. Questa pianta, infatti, ha esigenze idriche particolari: troppo poca acqua può causare un arresto della crescita, mentre un eccesso di acqua può portare a marciume radicale e altre malattie. Essendo una pianta originaria di ambienti mediterranei, il ciclamino è abituato a periodi di umidità alternati a periodi secchi. Per ottenere un ciclo vitale sano e una fioritura rigogliosa, è fondamentale imparare a gestire l'irrigazione e l'umidità in modo appropriato.

1. Irrigazione

Il ciclamino richiede un'annaffiatura regolare e moderata. Le sue radici carnose e il tubero che funge da riserva idrica possono facilmente sviluppare marciume se l'acqua ristagna. Di seguito, le pratiche corrette per un'irrigazione ottimale del ciclamino:

- **Frequenza**: Durante il periodo di crescita e fioritura (autunno e inverno per la maggior parte delle varietà), il ciclamino richiede un'irrigazione costante ma non eccessiva. In media, è consigliato innaffiare una o due volte a settimana, controllando che il terreno sia umido ma non fradicio. La frequenza dell'irrigazione varia in base alla stagione e all'umidità ambientale: in estate, durante la fase di dormienza, l'irrigazione deve essere ridotta al minimo o sospesa per permettere alla pianta di entrare in riposo.

- **Metodo di irrigazione**: Il metodo migliore per innaffiare il ciclamino è l'irrigazione dal basso. Riempire un sottovaso con acqua e posizionare il vaso della pianta al suo interno per circa 15-20 minuti, permettendo al substrato di assorbire l'acqua necessaria dalle radici. Questo metodo evita che l'acqua entri in contatto diretto con le foglie e i fiori, riducendo il rischio di malattie fungine e marciume. Dopo l'innaffiatura, è importante eliminare l'acqua residua dal sottovaso per evitare ristagni.

- **Monitoraggio del terreno**: Prima di ogni innaffiatura, è consigliabile verificare l'umidità del terreno. Inserendo un dito a circa 2-3 cm di profondità nel suolo, si può sentire se è ancora umido. In tal caso, è meglio aspettare qualche giorno prima di innaffiare nuovamente.

- **Acqua utilizzata**: Il ciclamino è sensibile all'acqua calcarea, che può alterare il pH del terreno e ostacolare l'assorbimento dei nutrienti. È preferibile utilizzare acqua piovana o acqua distillata. Se si utilizza acqua del rubinetto, lasciarla riposare per 24 ore in un contenitore aperto in modo che il calcare possa depositarsi.

2. Umidità

Il ciclamino preferisce un ambiente umido, soprattutto durante il periodo di crescita e fioritura. Sebbene richieda umidità, non deve essere esposto a un eccesso di umidità ambientale che potrebbe causare muffe o infezioni fungine. Alcuni metodi per mantenere l'umidità ideale:

- **Posizionamento su un vassoio di ghiaia**: Un buon metodo per aumentare l'umidità intorno alla pianta senza inzuppare il terreno è posizionare il vaso su un vassoio di ghiaia riempito di acqua. Evitare però che la base del vaso tocchi direttamente l'acqua.

- **Nebulizzazione**: Durante i periodi di clima secco, è possibile nebulizzare leggermente l'aria intorno alla pianta, evitando di spruzzare acqua direttamente su foglie e fiori. Una nebulizzazione leggera aiuta a mantenere l'umidità senza compromettere la salute della pianta.

- **Utilizzo di umidificatori**: Se il ciclamino è coltivato in un ambiente molto secco, un umidificatore ambientale può aiutare a mantenere un livello di umidità ideale (tra il 50% e il 60%) durante la stagione fredda.

Esposizione alla Luce

L'esposizione alla luce è essenziale per la crescita sana del ciclamino. Sebbene questa pianta preferisca la luce indiretta e diffusa, il tipo e l'intensità di luce influenzano notevolmente il periodo di crescita e di fioritura.

1. Esposizione Ideale

- **Luce indiretta**: Il ciclamino cresce bene in una luce indiretta e luminosa. Collocare la pianta vicino a una finestra orientata a est o nord è ideale per fornire la luce necessaria senza esporla ai raggi diretti del sole.

- **Evitare la luce diretta**: La luce solare diretta, soprattutto nelle ore centrali della giornata, può danneggiare le foglie e i fiori, causando bruciature e scolorimenti. Se coltivato all'aperto o su un balcone, è consigliabile posizionarlo in una zona ombreggiata.

2. Periodo di Dormienza

Durante il periodo di dormienza estivo, il ciclamino può essere tenuto in un'area meno luminosa, poiché non ha bisogno di tanta luce per mantenere le sue funzioni vitali.
Riducendo l'esposizione, si favorisce il ciclo naturale della pianta, che si riposerà prima di iniziare un nuovo ciclo di fioritura in autunno.

3. Coltivazione in Ambienti Interni

In ambienti interni, una finestra luminosa ma schermata dalla luce diretta del sole rappresenta la posizione ideale. Se la luce naturale è insufficiente, specialmente nei mesi invernali, l'utilizzo di luci fluorescenti può aiutare a mantenere una buona crescita.

Fertilizzazione e Nutrizione

La fertilizzazione del ciclamino è fondamentale per supportare la sua crescita e fioritura, ma deve essere eseguita con attenzione. L'eccesso di fertilizzante può provocare una crescita eccessiva del fogliame, a discapito della fioritura.

1. Periodo di Fertilizzazione

- **Inizio della crescita**: La fertilizzazione del ciclamino dovrebbe iniziare all'inizio del periodo di crescita attiva, solitamente in autunno. È importante sospendere l'apporto di nutrienti durante il periodo di dormienza estivo, quando la pianta non richiede grandi quantità di sostanze nutritive.

2. Tipi di Fertilizzante

- **Fertilizzante liquido**: Un fertilizzante

liquido per piante fiorite è la scelta migliore. È possibile diluire il fertilizzante nell'acqua di irrigazione e somministrarlo ogni due settimane durante il periodo di crescita.

- **Formulazioni bilanciate**: È consigliabile utilizzare un fertilizzante bilanciato con rapporto N-P-K (azoto-fosforo-potassio) di tipo 10-10-10 o simili. Una maggiore quantità di fosforo rispetto all'azoto favorisce la fioritura piuttosto che la crescita fogliare.

3. Nutrizione del Suolo

- **Sostanze organiche**: Durante la preparazione del terreno, l'aggiunta di compost ben decomposto o humus fornisce una fonte di nutrienti a lento rilascio. Questo aiuta a mantenere un livello di fertilità costante per la pianta, riducendo la necessità di fertilizzazioni eccessive.

Cura delle Foglie e delle Radici

Prendersi cura di foglie e radici è essenziale per mantenere il ciclamino in salute, dato che queste parti sono fondamentali per l'assorbimento dei nutrienti e per la fotosintesi.

1. Cura delle Foglie

Le foglie del ciclamino sono particolarmente decorative e richiedono cure specifiche per mantenerle sane:

- **Pulizia**: La polvere che si accumula sulle foglie può limitare la capacità della pianta di effettuare la fotosintesi. Pulire le foglie regolarmente con un panno umido o uno spruzzino d'acqua leggera permette di mantenere il fogliame pulito e libero da eventuali parassiti.

- **Rimozione delle foglie danneggiate**: Le foglie secche o danneggiate devono essere rimosse per evitare che diventino veicoli per malattie fungine o parassiti. Durante la rimozione, è importante fare attenzione a non danneggiare il tubero.

- **Protezione da parassiti**: Gli afidi, le cocciniglie e i tripidi possono infestare le foglie del ciclamino. Un controllo regolare e l'uso di rimedi naturali, come una soluzione di sapone insettic

ida, aiutano a prevenire infestazioni gravi.

2. Cura delle Radici

Le radici del ciclamino sono molto delicate e possono essere facilmente soggette a marciume radicale.

- **Drenaggio**: Come menzionato in

precedenza, un buon drenaggio è essenziale per evitare problemi alle radici. Terreni compatti e ristagni d'acqua sono le principali cause di marciume radicale, che può rapidamente compromettere la pianta.

- **Trapianto**: Quando le radici del ciclamino crescono troppo e occupano tutto il vaso, è necessario eseguire un trapianto per dare alla pianta spazio sufficiente. Trapiantare durante il periodo di dormienza permette di ridurre lo stress della pianta.

- **Rinvaso**: Durante il rinvaso, è possibile rimuovere le radici morte o danneggiate e sostituire il substrato. Utilizzare un substrato nuovo e ben drenante aiuta a prevenire problemi futuri e fornisce nuovi nutrienti alla pianta.

Il ciclamino è una pianta di straordinaria bellezza, ma la sua cura richiede attenzione e un approccio preciso. Dal controllo dell'irrigazione e dell'umidità alla gestione dell'esposizione alla luce, dalla fertilizzazione mirata alla cura specifica di foglie e radici, ogni aspetto contribuisce a mantenere la pianta sana e rigogliosa.

Capitolo 4: Controllo dei Parassiti e Malattie Comuni

Il ciclamino è una pianta relativamente resistente, ma come molte piante ornamentali è soggetta a una serie di parassiti e malattie che possono comprometterne la salute e la fioritura. Per assicurarsi che i ciclamini crescano rigogliosi e siano in grado di fiorire ogni anno, è fondamentale adottare misure preventive e conoscere le tecniche di gestione per eventuali problemi fitosanitari.

1. Parassiti Comuni del Ciclamino

I principali parassiti che attaccano il ciclamino includono afidi, acari, tripidi e cocciniglie. Questi possono influenzare negativamente la crescita della pianta, deformarne le foglie e causare danni estetici ai fiori.

- **Afidi**: Gli afidi sono piccoli insetti verdi, gialli o neri che si nutrono della linfa delle piante, succhiando i nutrienti dalle foglie e dai giovani germogli. La loro presenza può essere individuata dalle foglie accartocciate e deformate e dalla presenza di una sostanza appiccicosa chiamata melata. Gli afidi possono anche trasmettere virus che compromettono ulteriormente la salute della pianta.

- **Trattamento**: Una soluzione di sapone insetticida può essere applicata alle foglie infestate. In alternativa, un'infusione di acqua e sapone di Marsiglia può essere spruzzata sulle aree colpite. Anche l'utilizzo di insetticidi naturali a base di neem è efficace contro gli afidi.

- **Acari**: Gli acari del ciclamino, conosciuti anche come "ragnetti rossi", sono piccoli parassiti che si nutrono di foglie e fiori, provocando decolorazione e macchie sulle parti colpite. A differenza di altri parassiti, gli acari preferiscono ambienti secchi e caldi.

- **Trattamento**: È possibile ridurre la popolazione di acari aumentando l'umidità intorno alla pianta, utilizzando nebulizzatori o posizionando il vaso su un letto di ghiaia con acqua. In caso di infestazioni gravi, possono essere impiegati acaricidi naturali o specifici.

- **Tripidi**: I tripidi sono piccoli insetti allungati che causano danni alle foglie e ai fiori, lasciando striature o puntini argentati. Questi parassiti sono particolarmente attivi durante i mesi caldi.

- **Trattamento**: Gli insetticidi a base di piretro sono efficaci contro i tripidi. Inoltre, rimuovere le foglie o i fiori gravemente danneggiati aiuta a ridurre la propagazione dei parassiti.

- **Cocciniglie**: Le cocciniglie formano colonie bianche o marroni e si nutrono della linfa delle piante. Esse secernono una sostanza cerosa che può formare delle protuberanze sulle foglie e sui gambi.

- **Trattamento**: È possibile rimuovere manualmente le cocciniglie con un batuffolo di cotone imbevuto in alcool. Per infestazioni più gravi, si possono utilizzare oli naturali, come l'olio di neem, che soffocano le cocciniglie e interrompono il loro ciclo vitale.

2. Malattie Comuni del Ciclamino

Le malattie fungine e batteriche sono altre problematiche che possono colpire il ciclamino, influenzando negativamente la salute generale della pianta.

- **Marciume radicale e del tubero**: Questa è una delle malattie più gravi per il ciclamino e si manifesta quando il terreno è troppo umido o quando il drenaggio è insufficiente. I sintomi includono foglie appassite, ingiallimento e un odore sgradevole proveniente dal tubero.

- **Prevenzione e trattamento**: È importante assicurare un buon drenaggio al substrato e evitare l'eccesso di acqua. In caso di marciume, rimuovere la pianta dal terreno, tagliare le parti colpite e trattare il tubero con fungicidi prima di rinvasare in un substrato fresco.

- **Botrite (muffa grigia)**: La botrite è causata da un fungo che si sviluppa in condizioni di umidità elevata e bassa ventilazione. Si presenta come una muffa grigia che ricopre le foglie e i fiori, facendo marcire le parti colpite.

- **Prevenzione e trattamento**: Mantenere una buona circolazione dell'aria intorno alla pianta e ridurre l'umidità in eccesso aiuta a prevenire la botrite. In caso di infezione, rimuovere le parti colpite e trattare con fungicidi specifici.

- **Antracnosi**: È una malattia fungina che causa macchie brune sulle foglie e sui fiori. Se non trattata, può portare alla necrosi delle parti colpite.

- **Prevenzione e trattamento**:
L'antracnosi può essere controllata riducendo l'umidità intorno alla pianta e utilizzando fungicidi a base di rame sulle parti colpite.

3. Misure Preventive

Per prevenire l'insorgere di parassiti e malattie, è importante mantenere una corretta igiene delle piante. Alcuni accorgimenti includono:

- **Rotazione delle piante**: Evitare di coltivare ciclamini nello stesso terreno per anni consecutivi, poiché le spore fungine e le larve possono rimanere nel suolo.

- **Rimozione delle foglie e fiori morti**: Le foglie e i fiori morti possono essere veicoli per malattie fungine e batteriche. Rimuoverli regolarmente aiuta a mantenere l'ambiente circostante pulito.

- **Ventilazione**: Una buona ventilazione intorno alle piante riduce l'umidità e previene l'insorgere di malattie fungine.

Capitolo 5: Suggerimenti per la Propagazione del Ciclamino

Il ciclamino (Cyclamen spp.) è una pianta ornamentale molto apprezzata per la sua fioritura vivace e per le sue foglie decorative. Propagare il ciclamino permette di ottenere nuove piante a partire da esemplari esistenti, offrendo l'opportunità di ampliare la collezione senza dover acquistare nuove piante. Tuttavia, la propagazione del ciclamino è un processo delicato, che richiede conoscenze specifiche e tecniche accurate. Questo capitolo fornirà suggerimenti dettagliati per propagare i ciclamini con successo.

1. Metodi di Propagazione del Ciclamino

Esistono vari metodi per propagare il ciclamino, ciascuno con le proprie particolarità e livelli di difficoltà. I metodi principali sono:

- **Propagazione tramite semi**: È il metodo più comune per propagare il ciclamino, in particolare per le varietà selvatiche e per quelle che si desidera ottenere in grandi quantità. Sebbene il processo sia più lungo rispetto alla propagazione vegetativa, garantisce una buona varietà genetica.

- **Propagazione per divisione del tubero**: Questo metodo è particolarmente utile per alcune varietà, ma richiede attenzione poiché il ciclamino possiede un tubero fragile che può danneggiarsi facilmente. La divisione del tubero è indicata principalmente per le varietà più robuste, come il Cyclamen hederifolium e il Cyclamen purpurascens.

- **Propagazione da stoloni o bulbilli**: In alcune specie, come il Cyclamen repandum, è possibile utilizzare gli stoloni, piccoli tubercoli o bulbilli che si formano accanto alla pianta madre.

2. Propagazione Tramite Semi

La propagazione da seme è ideale per ottenere

un gran numero di nuove piante, ma richiede pazienza e un ambiente controllato per garantire una germinazione efficace. Il processo può durare dai 6 ai 18 mesi, a seconda della specie e delle condizioni ambientali.

Procedura per la propagazione tramite semi:

1. **Raccolta dei semi**: La raccolta dei semi di ciclamino è possibile dopo la fioritura, quando le capsule dei semi iniziano a maturare e a seccarsi. È importante aspettare che le capsule siano completamente mature prima di raccoglierle, poiché i semi immaturi avranno difficoltà a germinare.

2. **Preparazione dei semi**: Una volta raccolti, i semi devono essere lasciati essiccare per alcuni giorni in un luogo ombreggiato. Successivamente, è consigliabile immergerli in acqua tiepida per 12-24 ore prima della semina, poiché ciò ammorbidisce

il rivestimento dei semi e favorisce una germinazione più rapida.

3. **Preparazione del substrato**: Il substrato ideale per la semina dei ciclamini è leggero e ben drenante, composto da una miscela di terriccio per semine e sabbia, o da torba mista a perlite. Il pH ideale è leggermente acido, intorno a 5,5 - 6,0.

4. **Semina dei semi**: Distribuire i semi sulla superficie del substrato, mantenendo una distanza di circa 1-2 cm tra l'uno e l'altro. Coprire i semi con un sottile strato di sabbia o vermiculite, senza seppellirli troppo in profondità.

5. **Condizioni di crescita**: Dopo la semina, mantenere il substrato costantemente umido, ma non inzuppato. È importante che la temperatura si mantenga tra i 15 e i 20 °C. Una buona opzione è coprire il contenitore con una pellicola di plastica o un coperchio trasparente per creare un ambiente umido e

facilitare la germinazione.

6. **Tempo di germinazione**: La germinazione dei ciclamini è un processo lento. I primi germogli possono apparire dopo circa 1-2 mesi, ma in alcune specie possono richiedere fino a 6 mesi. Durante questo periodo, è fondamentale mantenere le condizioni di umidità e temperatura stabili.

7. **Cura delle piantine**: Una volta che le piantine hanno sviluppato alcune foglie, possono essere trapiantate in contenitori individuali. Questo consente loro di svilupparsi ulteriormente fino a diventare piante adulte pronte per il trapianto in vasi più grandi o in giardino.

3. Propagazione per Divisione del Tubero

La divisione del tubero è un metodo di propagazione più rapido rispetto alla semina, ma comporta un rischio maggiore, poiché il tubero può facilmente danneggiarsi o infettarsi. Questa tecnica è indicata solo per le varietà di ciclamino più robuste e per i coltivatori esperti.

Procedura per la divisione del tubero:

1. **Scelta della pianta**: Selezionare una pianta adulta e in buona salute, preferibilmente alla fine del periodo di fioritura e in procinto di entrare in fase di riposo vegetativo.

2. **Estrazione della pianta**: Estrarre con delicatezza la pianta dal terreno, facendo attenzione a non danneggiare le radici. Rimuovere con cura il terreno attorno al tubero per esporre la struttura.

3. **Taglio del tubero**: Utilizzando un coltello sterile e ben affilato, tagliare il tubero in sezioni, assicurandosi che ogni sezione

contenga almeno un germoglio o un "occhio", da cui la pianta potrà rigenerarsi.

4. **Trattamento delle sezioni**: Immergere le sezioni tagliate in un fungicida o spolverarle con polvere di carbone attivo per prevenire infezioni. Lasciarle asciugare all'aria per circa 24 ore prima della messa a dimora.

5. **Piantagione delle sezioni**: Piantare ciascuna sezione in un substrato leggero e drenante, mantenendo l'umidità del terreno costante. Le nuove piante dovrebbero svilupparsi entro alcune settimane.

4. Propagazione da Stoloni o Bulbilli

In alcune specie, come il Cyclamen repandum, si possono osservare piccoli tubercoli o bulbilli che si formano accanto alla pianta madre. Questi possono essere separati e piantati per ottenere nuove piante.

Procedura per la propagazione da stoloni o bulbilli:

1. **Identificazione dei bulbilli**:
Identificare i piccoli bulbilli che si formano attorno alla pianta madre. Questi possono essere facilmente riconosciuti come piccole protuberanze che si sviluppano vicino al tubero principale.

2. **Separazione dei bulbilli**: Staccare delicatamente i bulbilli dalla pianta madre durante il periodo di dormienza. Evitare di forzare la separazione, poiché i bulbilli sono fragili e potrebbero danneggiarsi.

3. **Piantagione dei bulbilli**: Piantare ciascun bulbo in un piccolo contenitore con un substrato drenante e leggero. Mantenere il terreno umido ma non bagnato, e posizionare i vasi in una zona ombreggiata.

4. **Crescita e cura**: I bulbilli inizieranno a

sviluppare radici e foglie entro pochi mesi.
Man mano che crescono, potranno essere
trasferiti in contenitori più grandi.

5. Suggerimenti per la Propagazione di
Successo

- **Pazienza e cura**: La propagazione dei
ciclamini è un processo che richiede pazienza.
È fondamentale mantenere un ambiente
stabile e prestare attenzione alle esigenze
specifiche di ogni metodo.

- **Condizioni di umidità e ventilazione**:
L'umidità è essenziale per la germinazione dei
semi e per il radicamento delle sezioni di
tubero. Tuttavia, è importante mantenere una
buona ventilazione per prevenire muffe e
marciumi.

- **Sterilizzazione degli strumenti**:
Utilizzare strumenti puliti e sterili per
prevenire infezioni. Anche i contenitori e i

substrati devono essere puliti per evitare la proliferazione di agenti patogeni.

- **Esposizione alla luce**: Le piantine di ciclamino richiedono luce indiretta e diffusa. Un'illuminazione troppo intensa può danneggiare i giovani germogli, mentre una luce insufficiente rallenta la crescita.

- **Uso di substrati adeguati**: Il substrato ideale deve essere ben drenante e leggero. Un terreno eccessivamente compatto può ostacolare la crescita delle radici e portare a ristagni d'acqua.

La propagazione del ciclamino è una pratica affascinante e gratificante, che consente di moltiplicare e preservare queste piante per molti anni. Sia attraverso la semina, la division

e del tubero o l'uso dei bulbilli, ogni metodo

di propagazione ha i suoi vantaggi e richiede cure specifiche. Con pazienza, attenzione e un'adeguata conoscenza delle tecniche, è possibile ottenere piante sane e rigogliose, assicurando che il ciclamino continui a decorare gli spazi interni ed esterni con le sue magnifiche fioriture.

Glossario

A

- **Acari**: Piccoli parassiti che infestano spesso le piante, in particolare nelle condizioni di calore e umidità. Gli acari succhiano la linfa della pianta e possono provocare decolorazioni e ingiallimenti sulle foglie, compromettendo la fotosintesi e la salute del ciclamino.

- **Acidità del Suolo**: Misura del pH del terreno, essenziale per la corretta crescita del ciclamino. Il pH ideale per il ciclamino si aggira tra 5,5 e 6,5, leggermente acido, favorendo così l'assorbimento dei nutrienti necessari alla pianta.

- **Antracnosi**: Malattia fungina che causa macchie brune su foglie e fiori. È favorita da alta umidità e ventilazione limitata. Il controllo si effettua con fungicidi specifici e migliorando l'aerazione attorno alla pianta.

B

- **Botrite**: Conosciuta anche come "muffa grigia", è una malattia fungina che attacca il ciclamino in condizioni di alta umidità e scarsa ventilazione. Provoca macchie grigie e marciume su fiori e foglie. Si tratta con fungicidi e mantenendo un ambiente asciutto.

- **Bulbo**: Nella botanica del ciclamino, viene spesso utilizzato per descrivere il tubero, sebbene tecnicamente non sia corretto. Il tubero è una struttura simile a un bulbo, usata dalla pianta per immagazzinare sostanze nutritive durante il periodo di dormienza.

C

- **Capsula**: Struttura della pianta che contiene i semi. Nel ciclamino, le capsule si sviluppano dopo la fioritura e si aprono lentamente per rilasciare i semi. Raccogliere le capsule prima che si secchino completamente è utile per ottenere i semi.

- **Ciclo Vegetativo**: Fasi di crescita del ciclamino, che comprendono il periodo di crescita, fioritura, e dormienza. Ogni fase ha esigenze specifiche di luce, acqua e nutrienti.

- **Clorosi**: Ingiallimento delle foglie dovuto a carenze nutrizionali, eccessiva umidità o malattie. Nei ciclamini, la clorosi indica spesso un problema nelle radici o una carenza di ferro.

- **Compost**: Miscela di sostanze organiche utilizzata per migliorare la struttura e la fertilità del terreno. Il compost è particolarmente utile per il ciclamino in quanto fornisce un rilascio lento di nutrienti durante tutta la stagione di crescita.

D

- **Dormienza**: Periodo in cui il ciclamino sospende temporaneamente la sua crescita, riducendo l'attività fisiologica. Durante la dormienza, che avviene solitamente in estate, il ciclamino richiede meno acqua e può essere posizionato in una zona più fresca e ombreggiata.

- **Drenaggio**: Capacità del suolo di evacuare l'acqua in eccesso. È un fattore essenziale per la coltivazione del ciclamino, poiché evita ristagni idrici che possono causare il marciume radicale.

E

- **Epoca di Semina**: Periodo dell'anno in cui è consigliato seminare il ciclamino. Generalmente, la semina avviene tra la fine dell'estate e l'inizio dell'autunno per garantire una fioritura ottimale durante i mesi freddi.

- **Eterogeneità Genetica**: Diversità genetica delle piante propagate da seme, utile per creare varietà uniche e adattare i ciclamini a diverse condizioni climatiche.

F

- **Fertirrigazione**: Pratica di fertilizzazione attraverso l'acqua di irrigazione. È molto utile per il ciclamino poiché permette un'assunzione continua e bilanciata di nutrienti durante la fase di crescita.

- **Fungicida**: Sostanza chimica o naturale utilizzata per combattere i funghi patogeni. Nel ciclamino, i fungicidi sono spesso impiegati per prevenire malattie fungine come la botrite e l'antracnosi.

G

- **Germinazione**: Processo di sviluppo di una nuova pianta a partire dal seme. Nei ciclamini, la germinazione può essere lenta e richiede condizioni di umidità e temperatura controllate.

- **Ghiaia per Drenaggio**: Strato di piccoli sassi o ghiaia utilizzato sul fondo del vaso per migliorare il drenaggio e prevenire ristagni d'acqua nel substrato.

I

- **Ibridazione**: Processo di incrocio tra due varietà diverse per ottenere piante con caratteristiche specifiche. Nei ciclamini, l'ibridazione è utilizzata per produrre fiori di colori diversi e piante più resistenti.

L

- **Luce Diffusa**: Tipo di illuminazione

preferita dai ciclamini, che non tollerano la luce diretta e intensa. La luce diffusa permette una crescita ottimale e previene scottature fogliari.

M

- **Marciume del Tubero**: Condizione patologica causata da un eccesso di umidità o cattivo drenaggio. Il tubero diventa molle e può emanare un odore sgradevole. Si tratta prevenendo il ristagno d'acqua e favorendo la ventilazione.

- **Melata**: Sostanza zuccherina secreta da alcuni parassiti, come afidi e cocciniglie. La melata attira le formiche e può favorire la crescita della fumaggine, un fungo nero.

N

- **Necrosi**: Morte dei tessuti della pianta, visibile sotto forma di macchie scure o secche. Può essere causata da infezioni fungine, batteriche o da danni meccanici.

O

- **Occhio del Tubero**: Punto del tubero da cui si sviluppano le nuove radici e germogli. È importante assicurarsi che ogni sezione di tubero, in caso di divisione, contenga almeno un occhio per garantire la crescita della nuova pianta.

P

- **Parassiti**: Organismi che si nutrono a spese della pianta, causando danni estetici e fisiologici. I principali parassiti del ciclamino sono afidi, acari e cocciniglie.

- **Perlite**: Minerale vulcanico espanso utilizzato per migliorare la struttura del terreno. La perlite aumenta l'aerazione e il drenaggio, condizioni ideali per i ciclamini.

- **Propagazione**: Processo di moltiplicazione delle piante attraverso semi, divisione del tubero o altri metodi. La propagazione consente di ottenere nuove piante a partire da esemplari esistenti.

R

- **Radici Avventizie**: Radici che si sviluppano in punti insoliti della pianta, ad esempio sui fusti o sulle foglie. Anche se rare nei ciclamini, le radici avventizie possono comparire in situazioni di stress o danni.

- **Rotazione delle Colture**: Tecnica che prevede di cambiare periodicamente la posizione delle coltivazioni per evitare il peggioramento del terreno e la proliferazione di parassiti specifici.

S

- **Stolonifero**: Piante come il Cyclamen repandum che producono stoloni, strutture simili a piccoli rami sotterranei da cui si sviluppano nuove piante.

- **Substrato**: Miscela di materiali usata per la crescita delle piante in vaso, comprendente terra, sabbia, perlite e torba. Un substrato adatto ai ciclamini deve essere ben drenante e leggero.

T

- **Tubero**: Struttura di riserva sotterranea che caratterizza il ciclamino. Il tubero è responsabile della sopravvivenza della pianta durante la dormienza e fornisce energia durante la crescita attiva.

U

- **Umidità Relativa**: Percentuale di vapore acqueo presente nell'aria. I ciclamini preferiscono un'umidità moderata, che previene problemi come l'appassimento e lo sviluppo di parassiti.

V

- **Vermiculite**: Minerale utilizzato come additivo nei substrati per migliorare la ritenzione idrica e l'aerazione. La vermiculite è utile per mantenere il terreno leggero e favorire lo sviluppo delle radici nei ciclamini.

Z

- **Zona di Coltivazione**: Area o

microclima in cui vengono coltivati i ciclamini. Le zone di coltivazione influenzano le scelte di esposizione alla luce, irrigazione e protezione dai parassiti.

Indice

Glossario pg.57